本书受上海市教育委员会、上海科普教育发展基金会资助出版

安能辨我是雄雌

上海教育出版社
SHANGHAI EDUCATIONAL
PUBLISHING HOUSE

图书在版编目(CIP)数据

安能辨我是雄雌 / 顾洁燕主编. – 上海: 上海
教育出版社, 2016.12
　(自然趣玩屋)
　ISBN 978-7-5444-7338-5

Ⅰ.①安… Ⅱ.①顾… Ⅲ.①动物 – 青少年读物
Ⅳ.①Q95-49

中国版本图书馆CIP数据核字(2016)第287982号

责任编辑　芮东莉
　　　　　　黄修远
美术编辑　肖祥德

安能辨我是雄雌

顾洁燕　主编

出　　版　上海世纪出版股份有限公司
　　　　　　上 海 教 育 出 版 社
　　　　　　易文网 www.ewen.co
地　　址　上海永福路123号
邮　　编　200031
发　　行　上海世纪出版股份有限公司发行中心
印　　刷　苏州美柯乐制版印务有限责任公司
开　　本　787×1092　1/16　印张 1
版　　次　2016年12月第1版
印　　次　2016年12月第1次印刷
书　　号　ISBN 978-7-5444-7338-5/G·6047
定　　价　15.00元

(如发现质量问题，读者可向工厂调换)

目录

C O N T E N T S

安 能 辨 我 是 雄 雌

男女不一定有别?

　　若是替父从军的花木兰穿越到你面前,你能识破她女扮男装的招数吗?如果你信心满满,那我们把难度升级一下:给并未"女扮男装"的鸟类做性别鉴定,你有信心吗?或许你对鸟类的雌雄差异已经有所了解,比如说一只头上长肉冠的鸡,你可能很容易地就能辨识出它的性别,但对于那些刚孵出的小鸡呢?又比如麻雀、鹦鹉。

　　你一定发现了,在鸟类世界中,有些会明显地"男女有别",但也有一些会雌雄难辨。想走进它们的世界吗?从鸟类性别鉴定指南开始吧!注意!注意!一大波不知名鸟类正朝你袭来!

▲ 你能辨识出图中所有鸡的雌雄吗?

安能辨我是雄雌

鸟类雌雄鉴定入门

谁是困难制造者？

● 鸟类王国中，并不是所有的成员都难分雌雄，有一部分鸟，和鸡一样，有明显的雌雄差别，它们被称为性二型鸟。遇到这些鸟，你可以通过羽毛的颜色或个体大小来鉴别雌雄。一般来说，雄鸟比雌鸟拥有更魁梧的体型或者更华丽的羽色。

性二型

指在雌雄异体的有性生物中，反映身体结构和功能特征的某些变量在两性之间常常出现固有的和明显的差别，使得人们能够以此为根据判断一个个体的性别的现象。

找一找：下面哪些是性二型鸟？

鸽子

 孔雀

鸳鸯

 秃鹫

● 是不是很快就能发现孔雀和鸳鸯"男女"的巨大差别？但是别高兴太早，除了这些有明显区别特征的性二型鸟以外，几乎一半以上的鸟都不能通过外部特征进行性别判定，特别是对于年龄尚小的雏鸟或幼鸟，因为作为性别标记的外形特征还未出现。

安能辨我是雄雌

分辨雌雄的几大理由

● 或许你会生出这样的疑问：即使学会了辨别鸟类雌雄，生活中会有人用得到这种技能吗？还不如去学如何炖美味的鸡汤来得实用吧！看完下面的两个小故事，你的态度也许会有所改变。

最冷门的高薪职业

在英国有种工作叫小鸡性别鉴定师，年薪高达4万英镑（约40万人民币）。不过从事这个工作的人却很少，他们一天大概要看800～1200只小鸡的屁屁，找到微小的差别，快速鉴定出它们的性别。要成为性别鉴定熟练工，一个人甚至要耗费数年的时间。

难当的月老

金刚鹦鹉是世界上体型最大且色彩最漂亮的一类鹦鹉，常常成为动物园的宠儿。但是由于外观上雌鸟和雄鸟的差别很小，在人工饲养和繁殖的过程中，经常搞出乌龙事件，把同性的鹦鹉放在一起，使这种鸟无法顺利地繁育下一代。

● 如果你想成为一名鸟类研究者，性别鉴定算是一项基本技能，鸟儿的物种识别、行为活动等往往都与它们的性别相关。又或者你想自己开个动物园，那么掌握如何鉴定鸟类的性别，也是成功饲养、繁育动物园里鸟类的前提。

选一选：我们为什么要鉴别鸟类的雌雄？

□ 炫技　　□ 娱乐　　□ 帮助鸟类繁殖　　□ 科学研究需要　　□ 其他

安能辨我是雄雌

鸟类雌雄鉴定基本功
——性二型鸟类的雌雄鉴定

谁在扮靓

● 为了赢取异性的青睐，鸟儿们也是花样百出，第一招就是"扮靓"，通过靓丽的外表"抱得美人归"。哦，不！抱得的往往没有自己美。实际上，绝大多数扮靓的都是"美男"，比如鸳鸯和红腹锦鸡，只有少数鸟类如彩鹬，扮靓的是"美女"。

▲ 红腹锦鸡

▲ 彩鹬

● 除了色彩鲜艳的羽毛，一些雄鸟还有别的求偶秘诀——用由皮肤高度特化来的特殊结构吸引异性。这些结构平时大多隐藏在羽毛之中，一旦遇见了"追求对象"，便会启动绚丽模式，将它们展示给雌鸟。

▲ 雄军舰鸟的气囊

▲ 雄艾草松鸡的气囊

▲ 黄腹角雉的肉裙和肉角
（冯江 摄）

安 能 辨 我 是 雄 雌

献媚讨好

● 鸟类世界里的雄性为了吸引雌性、繁衍后代，尽其所能地施展各种本领。除了依靠美丽的外表，在求偶的竞技场上，鸟类的招数可谓层出不穷，其中有一个绝招，就是"献媚讨好"。大部分情况下做出这些举动的都是雄性，来看看它们是如何"投其所好"的吧！

象征性营巢的夜鹭

为你搬"砖头"　　有许多鸟类在求偶时口中会叼着一些巢材，以吸引异性，比如夜鹭。就像是带上盖房子的"砖头"向你表决心："和我一起搭建一个舒适幸福的小窝吧！"

求偶喂食的翠鸟

喂饱你　　民以食为天，鸟也不例外，如果你追求的正好是一个"吃货"，那美食的诱惑就必不可少啦！鹈鹕、海鸥、犀鸟、翠鸟、鹰等许多雄鸟都会使用这一招。

安能辨我是雄雌

园丁鸟的凉亭

给你造凉亭

修建精美的凉亭是澳大利亚和新几内亚园丁鸟所特有的求偶方式。在各种园丁鸟中，雄鸟的羽毛色彩越欠缺，其凉亭修建得就越漂亮华丽。

火鸡的择偶场

为你而战

"我身强体壮，所向无敌，选我吧！"在繁殖季节，雄火鸡们来到同一个择偶场，进行各种形式的炫耀比赛或格斗，只有获胜的雄鸟才能受到雌鸟的青睐。松鸡、蜂鸟、极乐鸟、园丁鸟都有这种习性。

为谁而舞

● 你知道鸟类中有一种以舞姿闻名的鸟吗？它们有一个美妙的名字——极乐鸟，又名天堂鸟。雄性极乐鸟除了拥有华美的羽毛，还会用曼妙的舞姿获取雌鸟的芳心。

如果你是雌鸟，你会被哪种舞姿打动？

▲ 极乐鸟舞姿

安 能 辨 我 是 雄 雌

大师养成秘籍

● 有了扎实的基本功，我们现在开始向高级进阶。碰到从外观、行为上难以区分雌雄的鸟类，该怎么办呢？先开动脑筋，去猜一猜吧！

猜一猜
以下哪些信息可以用来鉴别雌雄？

鸟血细胞 ☐

鸟的肌肉细胞 ☐

鸟羽 ☐

鸟粪 ☐

鸟脚印 ☐

鸟蛋 ☐

● 想要知道答案吗？它们就隐藏在下面具有高技术含量的招数里！

安 能 辨 我 是 雄 雌

细胞里的世界

● 你在显微镜下看过细胞吗？细胞里有着性别鉴定的钥匙——染色体。染色体作为隐含着生命遗传信息的载体，自然记录着性别的信息。每一个细胞中有许多的染色体，其中有两对被称之为性染色体，雄鸟有着两条一模一样的性染色体，而雌鸟的性染色体则一长一短，和人类的情况正好相反哦！

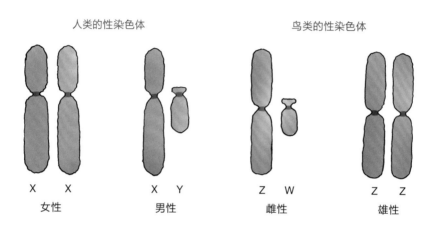

人类的性染色体 　　　　　　　　　鸟类的性染色体

X　X　　　　X　Y　　　　Z　W　　　　Z　Z
女性　　　　男性　　　　雌性　　　　雄性

● 不过这种方法在实际操作中并不常用，因为在检测中，想把众多的染色体分散检测比较困难，而且大与小的划分很容易有人为的主观差别。

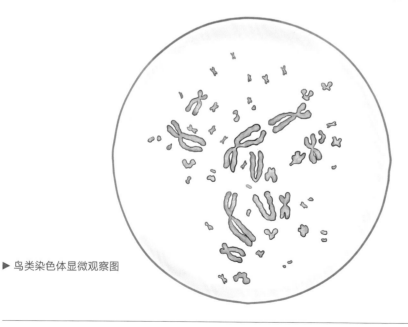

▶ 鸟类染色体显微观察图

安能辨我是雄雌

DNA的秘密

● DNA检测法可以说是鸟类性别检测中最常用的方法了，光听名字是不是就觉得特别有技术含量？技术要求高还不够，这种手段比其他方法好在哪里呢？DNA是构成染色体的基本成分，雌雄鸟类的性染色体不同，DNA自然也不同。DNA检测的方法既快捷又准确。最重要的是，从鸟粪（脱落的肠道细胞）、鸟毛（毛囊细胞）中都可以找到DNA，这种方法对鸟类不会造成伤害。

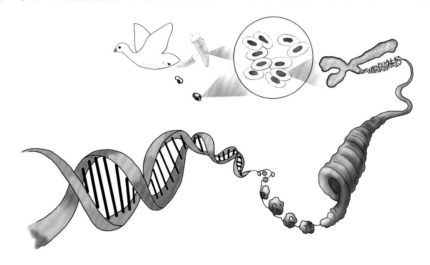

性别荷尔蒙

● 雌雄鸟会分泌不同的性别荷尔蒙，所以利用性别荷尔蒙也可以鉴定雌雄。从哪里可以找到这些荷尔蒙呢？答案是鸟蛋，以及已经成年的鸟的粪便。

鸟蛋　　　鸟粪

安 能 辨 我 是 雄 雌

自然探索坊

挑战指数：★ ★ ★ ★ ☆
探索主题：鸟类雌雄的鉴定
你要具备：鸟类性别知识
新技能获得：观察推理能力、创造力

慧眼识雌雄

● 了解了这么多新知识，检验一下你的雌雄鉴别水平是否达标吧！请指出下面图片中的这些性二型鸟，哪个是雌，哪个是雄。

▲ 雉鸡

▲ 彩鹬

安 能 辨 我 是 雄 雌

如果你是鉴定师

● 做好成为鸟类性别鉴别大师的准备了吗？终极任务卡来喽！在以下四种情况下，你能想出多少种鉴定方案？动动手，写下来吧！

任务 A

在野外鉴定一只被标记的金刚鹦鹉的雌雄。时间不限，不能捕捉或猎杀。

任务 B

你在医院看病的时候，遇见一只走失的鹰宝宝，请在1小时内鉴定它的雌雄，不能伤及性命。

任务 C

鉴定一枚家鸡受精卵（刚刚产下）的雌雄。时间限定22天，不可损伤鸡蛋组织及小鸡。

任务 D

根据大学校园花丛中的排泄物或鸟毛，鉴定不知名鸟的雌雄。

安 能 辨 我 是 雄 雌

奇思妙想屋

鸟蛋不倒翁

材料准备：

☐ 各类鸟蛋　　☐ 沙子　　☐ 各色彩纸或毛线　　☐ 各色彩笔
☐ 剪刀　　☐ 胶水或胶带

制作步骤：

1. 用力摇晃鸟蛋，尽量把里面的蛋清蛋黄摇散。
2. 在蛋尖头打洞，将里面的蛋液倒空。
3. 把沙子装进空蛋壳里，别装太满，能在桌上站立就行。
4. 利用彩纸、彩笔和一切你认为合适的材料装饰你的蛋，做成你想要的样子。

● 你制作了几种鸟蛋不倒翁？将照片上传到上海自然博物馆官网以及微信"兴趣小组—自然趣玩屋"，与朋友们分享你的作品吧！

安 能 辨 我 是 雄 雌